# 请以鸟的名字呼唤我

[法] 伊莎贝拉·席穆勒 著

邓韫 译

清華大學出版社

北 京

北京市版权局著作权合同登记号　图字：01-2021-6180



**图书在版编目（CIP）数据**

请以鸟的名字呼唤我 /（法）伊莎贝拉・席穆勒著；邓镭译. —北京：清华大学出版社，2022.8
ISBN 978-7-302-61344-2

Ⅰ. ①请… Ⅱ. ①伊… ②邓… Ⅲ. ①鸟类—普及读物 Ⅳ. ①Q959.7-49

中国版本图书馆CIP数据核字（2022）第124213号

**责任编辑**：李益倩
**封面设计**：鞠一村
**责任校对**：赵琳爽
**责任印制**：杨　艳

**出版发行**：清华大学出版社
**网　　址**：http://www.tup.com.cn，http://www.wqbook.com
**地　　址**：北京清华大学学研大厦A座　**邮　　编**：100084
**社 总 机**：010-83470000　**邮　　购**：010-62786544
**投稿与读者服务**：010-62776969, c-service@tup.tsinghua.edu.cn
**质量反馈**：010-62772015, zhiliang@tup.tsinghua.edu.cn
**印 装 者**：鹤山雅图仕印刷有限公司
**经　　销**：全国新华书店
**开　　本**：230mm × 325mm　**印　　张**：18
**版　　次**：2022年10月第1版　**印　　次**：2022年10月第1次印刷
**定　　价**：138.00元

---

产品编号：091920-01

傍晚，一只家麻雀飞来了，遇到了另一只家麻雀。它们很快就成了好朋友。因为互相喜欢，它们就用自己喜欢的鸟的名字呼唤、赞美对方。

神奇的事情发生了，那些被叫出名字的鸟都来啦！认识一下吧！

可是……
你去哪儿啊，
我的大音乐家欧歌鸫？

嗓音清亮的鸣冠雉，
你在哪儿啊？
歌声悠扬的赤胸朱顶雀，
你飞到哪里了？
高贵优雅的反嘴鹬，
你怎么不见了啊！
嘿！我在这儿呢，
吹着太阳笛的啸鹭！

你是白如云朵的
灰头白脸鹎鸠?

还是蓝如天空的
青山雀?

你是绿如青草的
辉腹翠蜂鸟?

还是粉如樱花的
鹌鹑?

你是黄如黄毛茛的
橙黄雀鹀？

还是红如石榴的
榴红八色鸫？

又或是紫如丁香的
淡紫冠鹦哥？

哈哈，终于找到你啦！
原来你是五彩斑斓的穆加鹦鹉！

跟我来，彩虹般的橙胸彩鹀！
娟秀的蓑羽鹤，
你去哪儿我就跟着去哪儿！

巧克力颜色的可岛美洲鹃，
跟我一起走吧！

巴哈马树燕！

非洲的鞍嘴鹳！

阿拉伯地区的白眶鹟！

美国的黑颈长脚鹬！

东方的山斑鸠！

爪哇岛的绿原鸡！

新西兰的褐几维！

雪域的雪鸦！

高大的华丽军舰鸟！
我的太平洋潜鸟！
高贵的灰冕鹤！
菲律宾的大金背啄木鸟！
我的印度雕鸮！
我的非洲丝雀！
北非的珠鸡！
中国的台湾戴菊！
可爱的灰鹡鸰！

喜欢灌木丛的西丛鸦，
你知道哪里能找到
安静的地方吗？
当然知道啦！
可爱的姬田鸡，
跟我来……

这里！
到这里来！
我乖巧的巨翅鸶！

终于……
只有我们俩了！

啊，温柔的散羽鸠！

哦，优美的林百灵！

戴着鲜红羽冠的冕鹧鸪！
顶着金色头饰的冕雀！

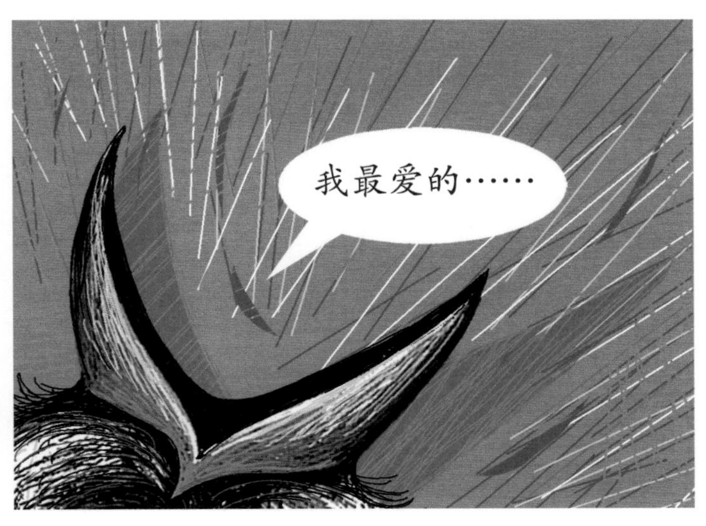


……红脚隼！

……白冠蜂鸟！

要不我们来……
咦？
你们也都在啊？！

自我介绍吧！
我是家麻雀！
红脚隼！
蓑羽鹤！
印度雕鸮！
赤胸朱顶雀！
灰冕鹤！
大金背
啄木鸟！
波纹林莺！
鹪鹩！
鸣冠雉！
华丽军舰鸟！
啸鹭！
辉腹翠蜂鸟！

反嘴鹬！
我是
林百灵！
漠鹑！
我是白耳草雀！
我是冕鹪鹛！
我，
我是冕雀！
可岛
美洲鹃！
黑颈长脚鹬！
巴哈马树燕！
雪鸮！
我是
白冠蜂鸟！
我，我是
家麻雀！
灰鹡鸰！
太平洋潜鸟！

它们都很有趣，
但是最美的还是你，
我的金光闪闪的金鹦！

你是最善良的，
朴实的石鹎！

你是最华丽的，
脸颊绯红的
红颊蓝饰雀！

你是最完美的，
戴项链的
北森莺！

你是最出色的，
仙子般的
紫冠仙蜂鸟！

噢，你是我的火红辉亭鸟！
是吗？那我也是你的
鬟鬈穗鹛吗？

比它更好，
你是像太阳闪耀的日鳽！
身披月光的太平鸟！
繁星点缀的白点鸽！

你是最高贵的
漂泊信天翁！

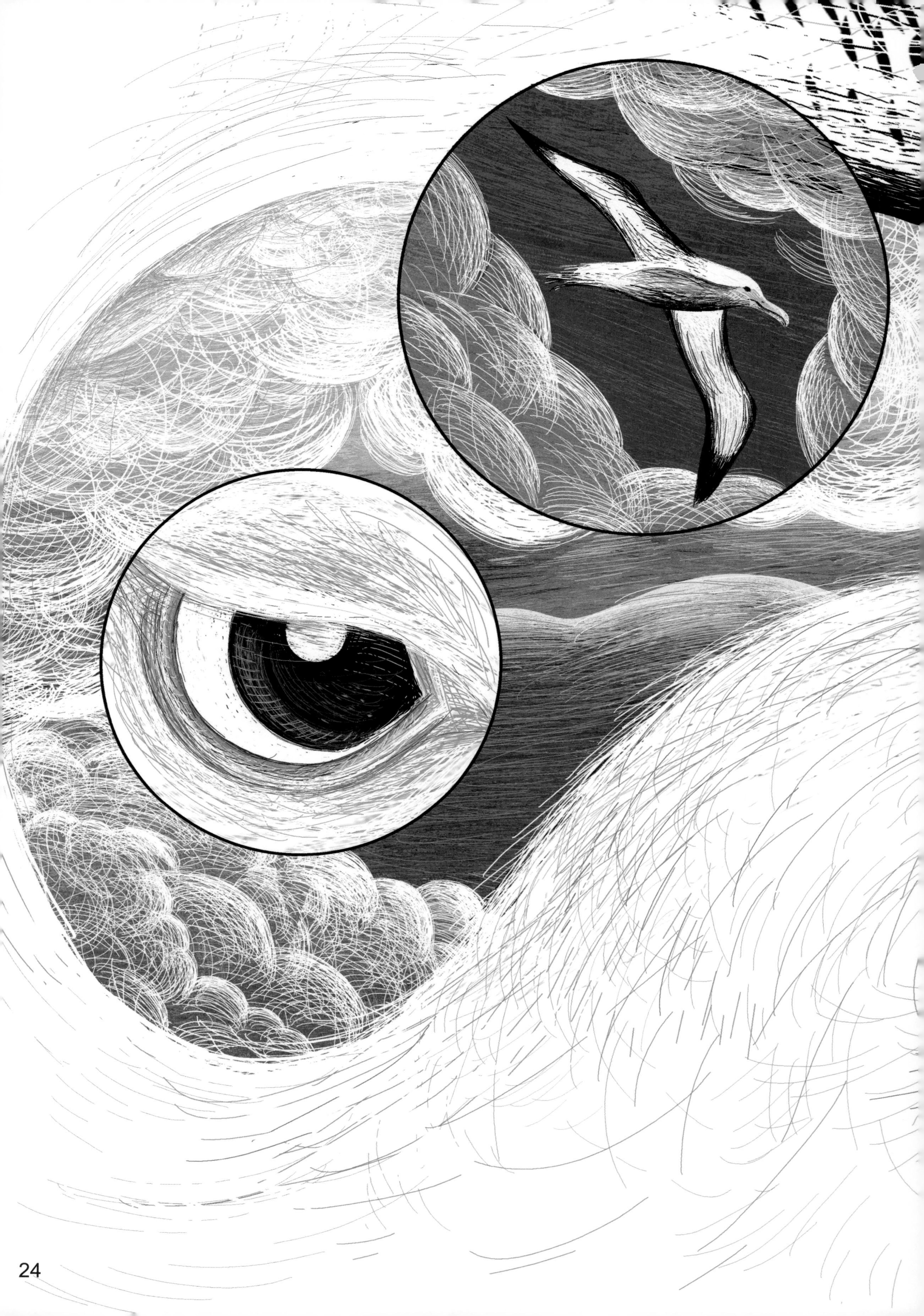

哦，终于安静
一点儿了！
嗯，不一定哦……

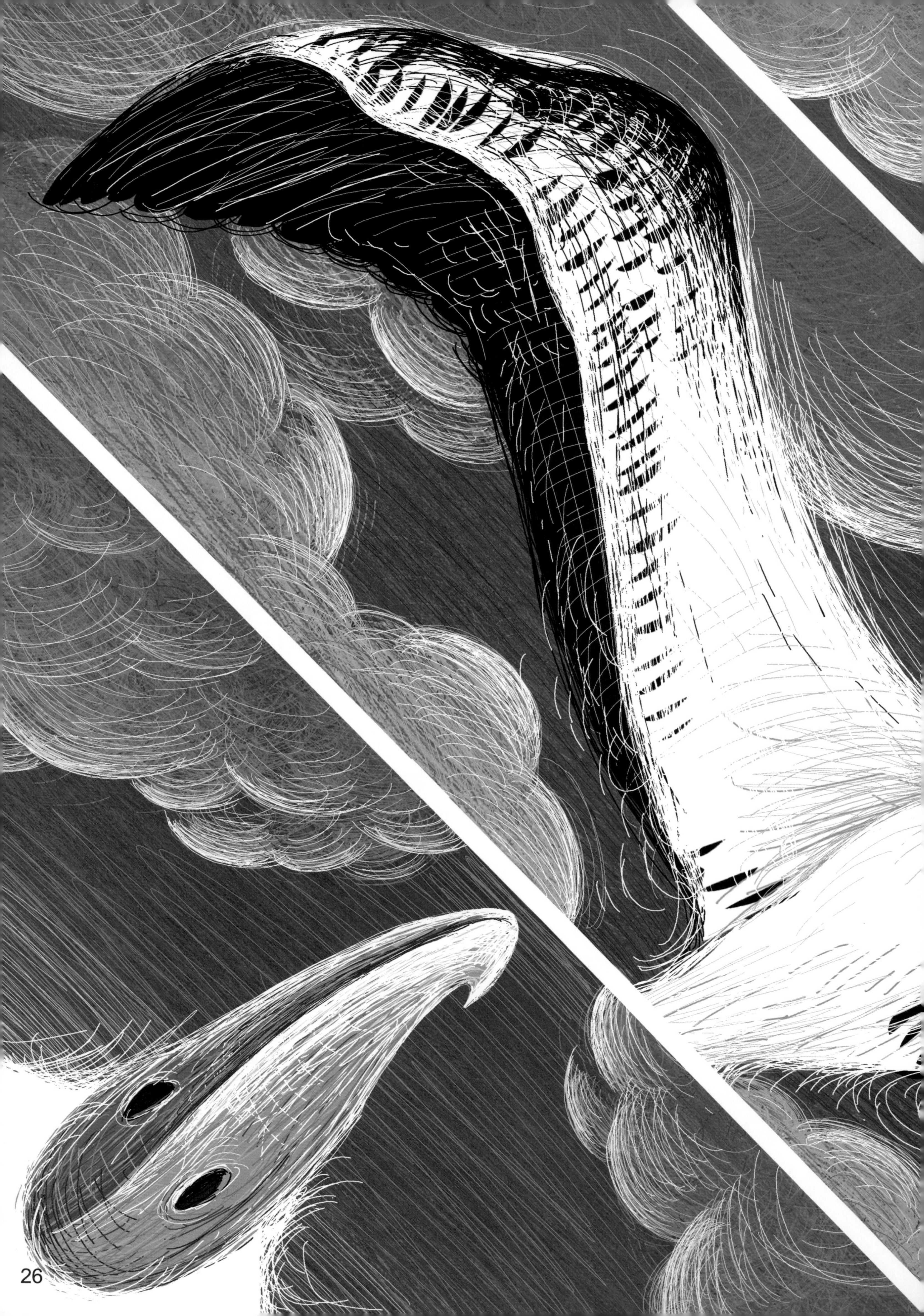

啊！啊！啊——
漂泊信天翁！
呀！呀！呀——

你的反应好快啊，
神圣的岩鹭！
你的动作也很
迅速啊，尊敬的
白冠长尾雉！
我的骑士，
我的鹌鹑，
跟我来！
我爱慕的纹喉杂鹛，
我会陪着你到
天涯海角！

# 鸟的画像

新喀里多尼亚

**散羽鸠**

约30厘米

拉丁学名：*Drepanoptila holosericea*

濒危物种

南美洲

**啸鹭**

约57厘米

拉丁学名：*Syrigma sibilatrix*

非洲　**红颊蓝饰雀**　约12厘米

拉丁学名：*Uraeginthus bengalus*

非洲　**珠鸡**　约58厘米

拉丁学名：*Numida meleagris*

美洲 **紫冠仙蜂鸟** 约12厘米

拉丁学名：*Heliothryx barroti*

中国 **台湾戴菊** 约9厘米

拉丁学名：*Regulus goodfellowi*

亚洲 **鹌鹑** 约18厘米

拉丁学名：*Coturnix japonica*

濒危物种

美洲

**黑颈长脚鹬**

约37厘米

拉丁学名：*Himantopus mexicanus*

东南亚

**榴红八色鸫**

约15厘米

拉丁学名：*Erythropitta granatina*

濒危物种

美洲

**日鳽**

约45厘米

拉丁学名：*Eurypyga helias*

中东地区

**白眶鹎**

约19厘米

拉丁学名：*Pycnonotus xanthopygos*

特立尼达和多巴哥

**鸣冠雉**

约67厘米

拉丁学名：*Pipile pipile*

濒危物种

北美洲、中美洲 **北森莺** 约11厘米

拉丁学名：*Setophaga americana*

巴布亚新几内亚 **火红辉亭鸟** 约25厘米

拉丁学名：*Sericulus ardens*

南美洲 **辉腹翠蜂鸟** 约10厘米

拉丁学名：*Chlorostilbon lucidus*

菲律宾 **鬓鬆穗鹛** 约13厘米

拉丁学名：*Dasycrotapha speciosa*

濒危物种

非洲、亚洲、欧洲

**蓑羽鹤**

约95厘米

拉丁学名：*Anthropoides virgo*

澳大利亚

**穆加鹦鹉**

约27厘米

拉丁学名：*Psephotellus varius*

亚洲、大洋洲

**岩鹭**

约62厘米

拉丁学名：*Egretta sacra*

美洲、亚洲、欧洲

**雪鸮**

约59厘米

拉丁学名：*Bubo scandiacus*

濒危物种

亚洲

**印度雕鸮**

约53厘米

拉丁学名：*Bubo bengalensis*

亚洲、欧洲

**青山雀**

约11厘米

拉丁学名：*Cyanistes caeruleus*

非洲、亚洲、欧洲

**反嘴鹬**

约43厘米

拉丁学名：*Recurvirostra avosetta*

非洲、欧洲

**波纹林莺**

约12厘米

拉丁学名：*Sylvia undata*

非洲、亚洲、欧洲

**灰鹡鸰**

约18厘米

拉丁学名：*Motacilla cinerea*

非洲、亚洲、欧洲

**欧歌鸫**

约21厘米

拉丁学名：*Turdus philomelos*

亚洲

**冕鹧鸪**

约26厘米

拉丁学名：*Rollulus rouloul*

濒危物种

南美洲 **橙黄雀鹀**  约15厘米

拉丁学名：*Sicalis flaveola*

美洲 **西丛鸦** 约29厘米

拉丁学名：*Aphelocoma californica*

非洲 **石鹑** 约25厘米

拉丁学名：*Ptilopachus petrosusl*

美洲

**巨翅鵟**

约37厘米

拉丁学名：*Buteo platypterus*

非洲

**金鹨**

约15厘米

拉丁学名：*Tmetothylacus tenellus*

中美洲　**淡紫冠鹦哥**　约32厘米

拉丁学名：*Amazona finschi*

濒危物种

马达加斯加　**纹喉杂鹛**　约12厘米

拉丁学名：*Neomixis striatigula*

亚洲　**白冠长尾雉**　约180厘米

拉丁学名：*Syrmaticus reevesii*

濒危物种

菲律宾

**大金背啄木鸟**

约31厘米

拉丁学名：*Chrysocolaptes lucidus*

非洲

**灰冕鹤**

约105厘米

拉丁学名：*Balearica regulorum*

濒危物种

非洲、亚洲、欧洲 **赤胸朱顶雀** 约13厘米

拉丁学名：*Linaria cannabina*

非洲、亚洲、欧洲 **鹪鹩** 约9厘米

拉丁学名：*Troglodytes troglodytes*

亚洲 **漠鹑** 约23厘米

拉丁学名：*Ammoperdix griseogularis*

非洲、亚洲、欧洲 **林百灵** 约15厘米

拉丁学名：*Lullula arborea*

中美洲 **白冠蜂鸟** 约7厘米

拉丁学名：*Lophornis adorabilis*

美洲、亚洲 **太平洋潜鸟** 约58厘米

拉丁学名：*Gavia pacifica*

亚洲

**冕雀**

约20厘米

拉丁学名：*Melanochlora sultanea*

非洲、亚洲、欧洲

**鹤鹬**

约30厘米

拉丁学名：*Tringa erythropus*

新西兰

**褐几维**

约58厘米

拉丁学名：*Apteryx australis*

濒危物种

非洲、亚洲 **红脚隼** 约29厘米

拉丁学名：*Falco amurensis*

非洲 **非洲丝雀** 约11厘米

拉丁学名：*Crithagra citrinelloides*

中美洲 **巴哈马树燕** 约15厘米

拉丁学名：*Tachycineta cyaneoviridis*

濒危物种

美洲

**华丽军舰鸟**

约102厘米

拉丁学名：*Fregata magnificens*

亚洲 **山斑鸠** 约34厘米

拉丁学名：*Streptopelia orientalis*

墨西哥 **橙胸彩鹀** 约12厘米

拉丁学名：*Passerina leclancherii*

澳大利亚 **白耳草雀** 约13厘米

拉丁学名：*Poephila personata*

美洲、亚洲、欧洲 **太平鸟** 约21厘米

拉丁学名：*Bombycilla garrulous*

哥斯达黎加 **可岛美洲鹃** 约32厘米

拉丁学名：*Coccyzus ferrugineus*

濒危物种

非洲、亚洲、欧洲 **姬田鸡** 约19厘米

拉丁学名：*Zapornia parva*

非洲

**白点鸲**

约15厘米

拉丁学名：*Pogonocichla stellata*

中美洲

**灰头白脸鹑鸠**

约32厘米

拉丁学名：*Zentrygon albifacies*

东南亚

**绿原鸡**

约70厘米

拉丁学名：*Gallus varius*

非洲

**鞍嘴鹳**

约148厘米

拉丁学名：*Ephippiorhynchus senegalensis*

南极附近海域

**漂泊信天翁**

约121厘米

拉丁学名：*Diomedea exulans*

濒危物种

亚洲 **黑冠椋鸟** 约20厘米

拉丁学名：*Sturnia pagodarum*

印度尼西亚 **橙冠凤头鹦鹉** 约45厘米

拉丁学名：*Cacatua moluccensis*

濒危物种

中美洲、南美洲 **叉尾王霸鹟** 约34厘米

拉丁学名：*Tyrannus savana*

北美洲、亚洲　　**角海鹦**　　约38厘米

拉丁学名：*Fratercula corniculata*

东南亚

**花彩拟啄木鸟**

约26厘米

拉丁学名：*Psilopogon rafflesii*

非洲

**塞内加尔鹦鹉**

约23厘米

拉丁学名：*Poicephalus senegalus*

亚洲

**黑头咬鹃**

约29厘米

拉丁学名：*Harpactes fasciatus*

大洋洲　**绶带长尾风鸟**　约35厘米

拉丁学名：*Astrapia mayeri*

濒危物种

夏威夷　**白臀蜜雀**　约13厘米

拉丁学名：*Himatione sanguinea*

坦桑尼亚、肯尼亚　**东非鹨**　约12厘米

拉丁学名：*Anthus sokokensis*

濒危物种

非洲、亚洲、欧洲、大洋洲

**青脚鹬**

约32厘米

拉丁学名：*Tringa nebularia*

巴布亚新几内亚

**饰颈皱鹟**

约15厘米

拉丁学名：*Arses telescopthalmus*

亚洲、欧洲

**花尾榛鸡**

约37厘米

拉丁学名：*Bonasa bonasia*

北美洲　　**红翅黑鹂**　　约23厘米

拉丁学名：*Agelaius phoeniceus*

美洲、亚洲、欧洲

**红交嘴雀**

约17厘米

拉丁学名：*Loxia curvirostra*

非洲、亚洲、欧洲

**小滨鹬**

约13厘米

拉丁学名：*Calidris minuta*

摩洛哥、西班牙

**隐鹮**

约75厘米

拉丁学名：*Geronticus eremita*

濒危物种

菲律宾

**棕犀鸟**

约62厘米

拉丁学名：*Buceros hydrocorax*

濒危物种

南美洲 **橙额绒顶雀** 约11厘米

拉丁学名：*Metopothrix aurantiaca*

亚洲 **橙胸姬鹟** 约13厘米

拉丁学名：*Ficedula strophiata*

中美洲 **红腿鸫** 约26厘米

拉丁学名：*Turdus plumbeus*

南极附近海域　**鸽锯鹱**　约26厘米

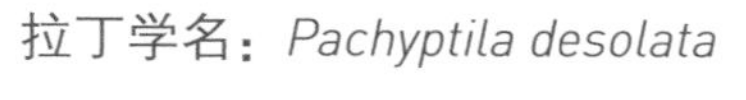

拉丁学名：*Pachyptila desolata*

非洲　**西部丝雀**　约11厘米

拉丁学名：*Crithagra frontalis*

北美洲、中美洲　**科迪纹霸鹟**　约15厘米

拉丁学名：*Empidonax occidentalis*

亚洲、欧洲 **卷羽鹈鹕** 约180厘米

拉丁学名：*Pelecanus crispus*

*濒危物种*

亚洲、欧洲 **锡嘴雀** 约17厘米

拉丁学名：*Coccothraustes coccothraustes*

南美洲 **白顶鹦哥** 约30厘米

拉丁学名：*Pionus seniloides*

美洲 **紫辉牛鹂** 约19厘米

拉丁学名：*Molothrus bonariensis*

新西兰

**鸮面鹦鹉**

约64厘米

拉丁学名：*Strigops habroptila*

濒危物种

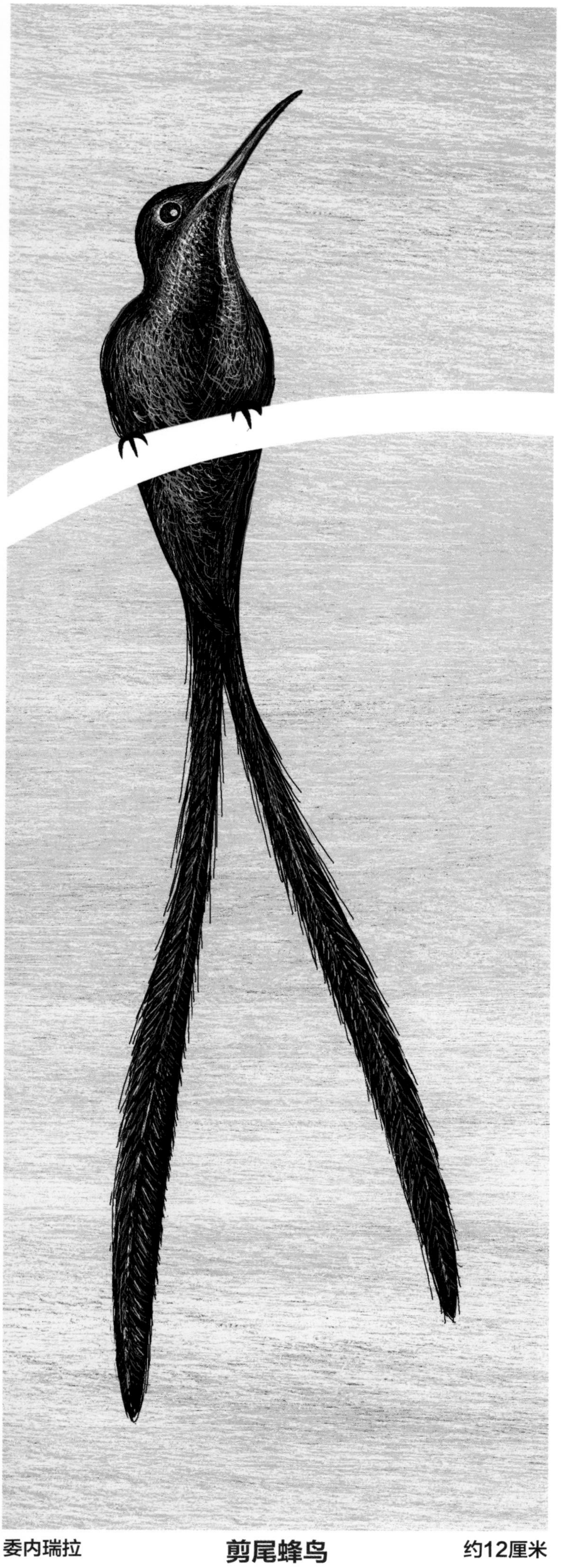

委内瑞拉　**剪尾蜂鸟**　约12厘米

拉丁学名：*Hylonympha macrocerca*

濒危物种

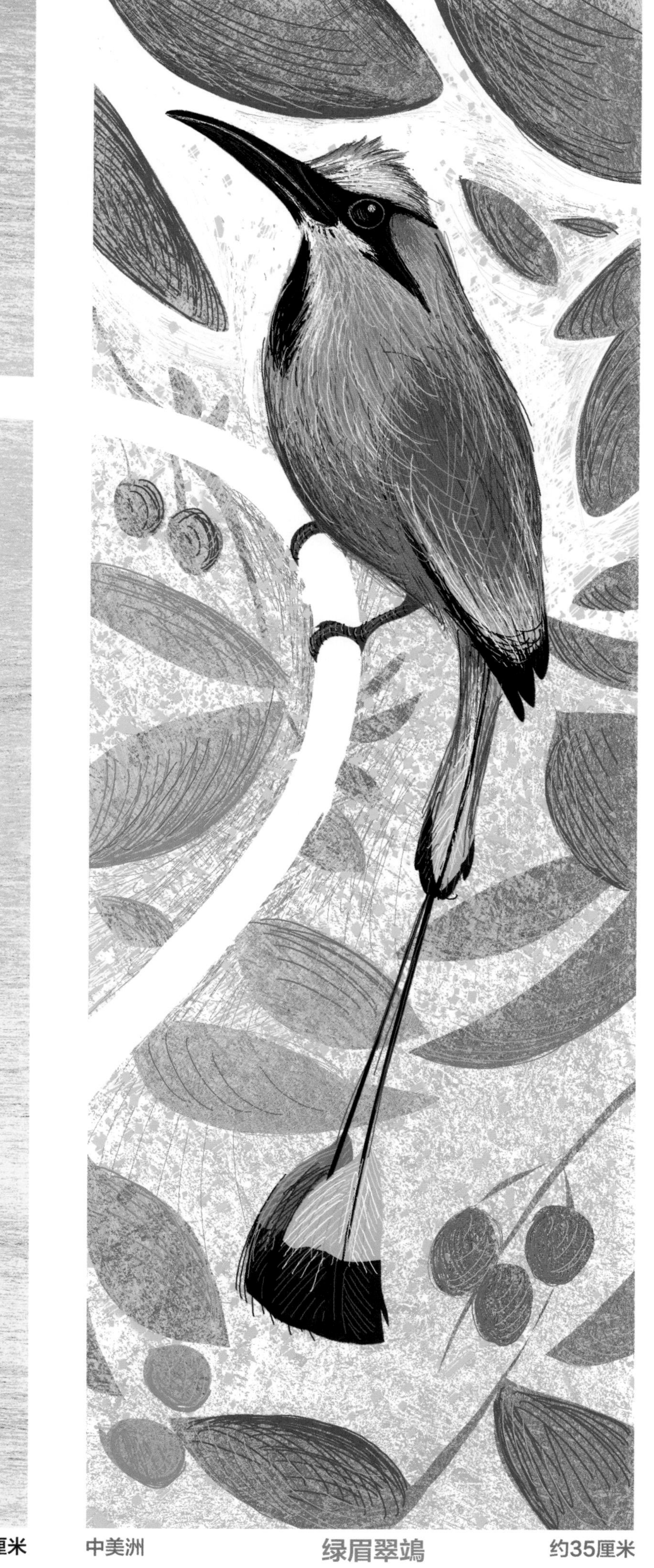

中美洲　**绿眉翠鴗**　约35厘米

拉丁学名：*Eumomota superciliosa*

中美洲

**灰喉鵙莺**

约13厘米

拉丁学名：*Granatellus sallaei*

亚洲 **黄腰柳莺** 约 9 厘米

拉丁学名：*Phylloscopus proregulus*

南美洲 **绿喉芒果蜂鸟** 约11厘米

拉丁学名：*Anthracothorax viridigula*

海地、多米尼加共和国 **东鵰唐纳雀** 约18厘米

拉丁学名：*Calyptophilus frugivorus*

濒危物种

美洲　　**蓝脚鲣鸟**　　约77厘米

拉丁学名：*Sula nebouxii*

亚洲、欧洲　　**红翅旋壁雀**　　约17厘米

拉丁学名：*Tichodroma muraria*

非洲、欧洲 **白眶林莺** 约12厘米

拉丁学名：*Sylvia conspicillata*

亚洲、欧洲、大洋洲 **麻雀** 约14厘米

拉丁学名：*Passer montanus*

非洲 **须鼻拟啄木鸟** 约17厘米

拉丁学名：*Gymnobucco peli*

非洲、亚洲、欧洲 **小短趾百灵** 约13厘米

拉丁学名：*Alaudala rufescens*

非洲、欧洲

**黄道眉鹀**

约16厘米

拉丁学名：*Emberiza cirlus*

亚洲

**斑头鸺鹠**

约23厘米

拉丁学名：*Glaucidium cuculoides*

印度尼西亚

**淡黑翡翠**

约30厘米

拉丁学名：*Todiramphus funebris*

濒危物种

南美洲 **扇尾蜂鸟** 约10厘米

拉丁学名：*Discosura longicaudus*

亚洲 **白鹡鸰** 约17厘米

拉丁学名：*Motacilla alba*

亚洲

**酒红朱雀**

约14厘米

拉丁学名：*Carpodacus vinaceus*

南美洲 **燕翅鸳** 约14厘米

拉丁学名：*Chelidoptera tenebrosa*

美洲 **红脚旋蜜雀** 约12厘米

拉丁学名：*Cyanerpes cyaneus*

巴西 **黑顶娇鹟** 约12厘米

拉丁学名：*Piprites pileata*

*濒危物种*

巴布亚新几内亚 **黑巾文鸟** 约10厘米

拉丁学名：*Lonchura spectabilis*

澳大利亚

**黄嘴琵鹭**

约88厘米

拉丁学名：*Platalea flavipes*

南美洲 **蓝嘴黑顶鹭** 约56厘米

拉丁学名：*Pilherodius pileatus*

美洲、亚洲、欧洲、大洋洲

**红颈瓣蹼鹬**

约18厘米

拉丁学名：*Phalaropus lobatus*

澳大利亚

**扇尾杜鹃**

约26厘米

拉丁学名：*Cacomantis flabelliformis*

非洲、亚洲、欧洲、大洋洲 **黑尾塍鹬** 约40厘米

拉丁学名：*Limosa limosa*

肯尼亚 **黄额环绣眼鸟** 约12厘米

拉丁学名：*Zosterops kikuyuensis*

南美洲 **黑头凯克鹦哥** 约23厘米

拉丁学名：*Pionites melanocephalus*

亚洲、欧洲

**文须雀**

约16厘米

拉丁学名：*Panurus biarmicus*

亚洲

**秃鹳**

约115厘米

拉丁学名：*Leptoptilos javanicus*

*濒危物种*

# 鸟的画像

啾！
刚才好险啊！
走，跟我来！
你这个烤红了的白臀蜜雀！

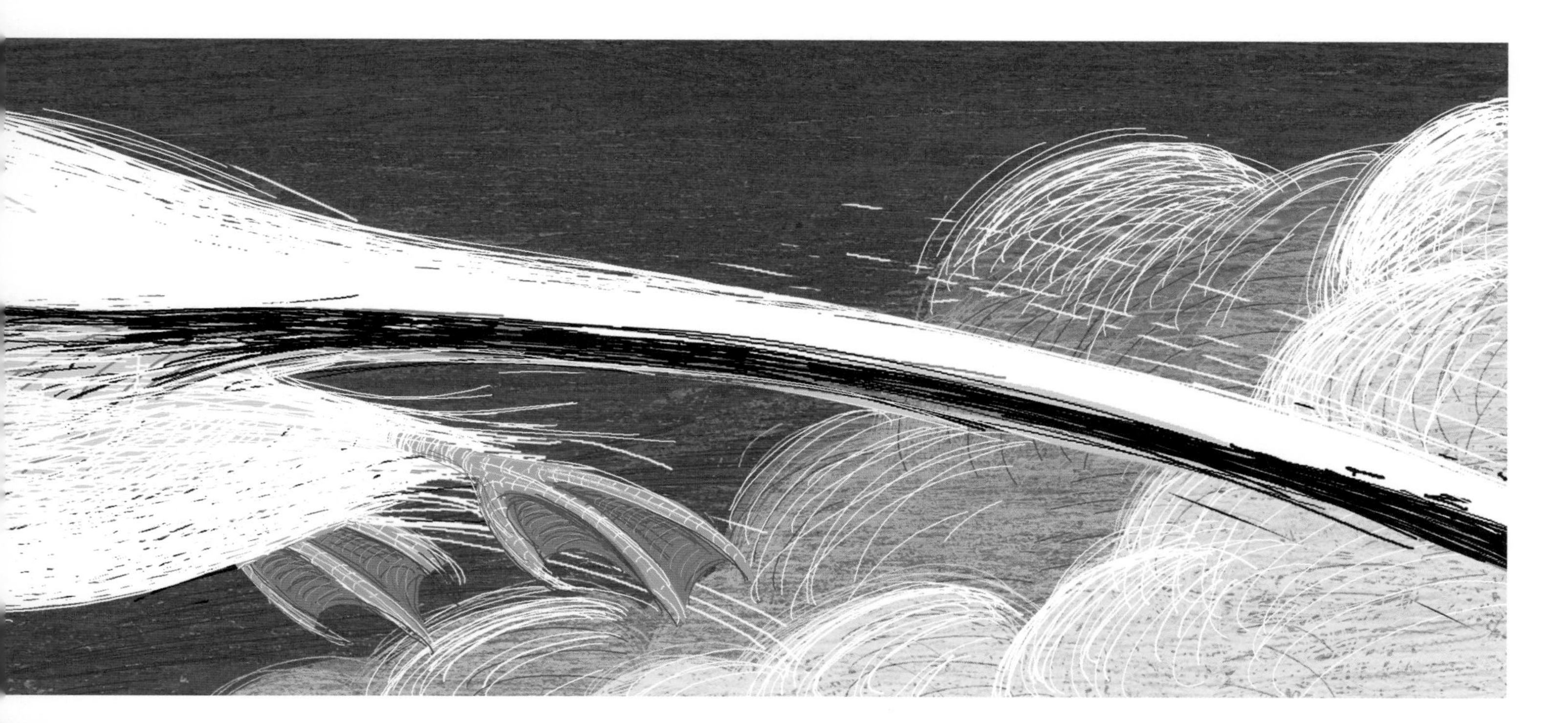

……信天翁！

啊！啊！
啊！
咔嚓

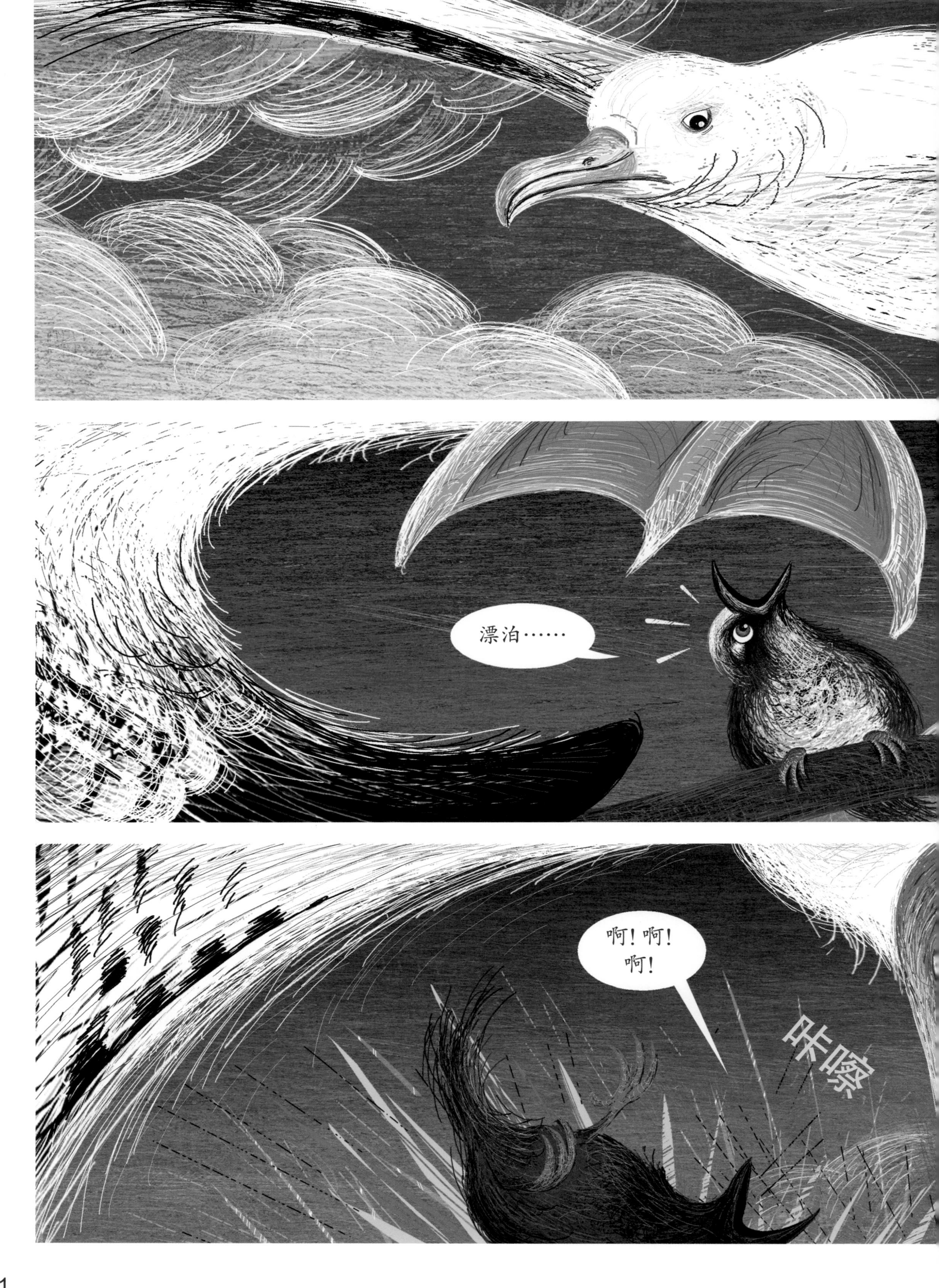
漂泊……
啊！啊！啊！
咔嚓

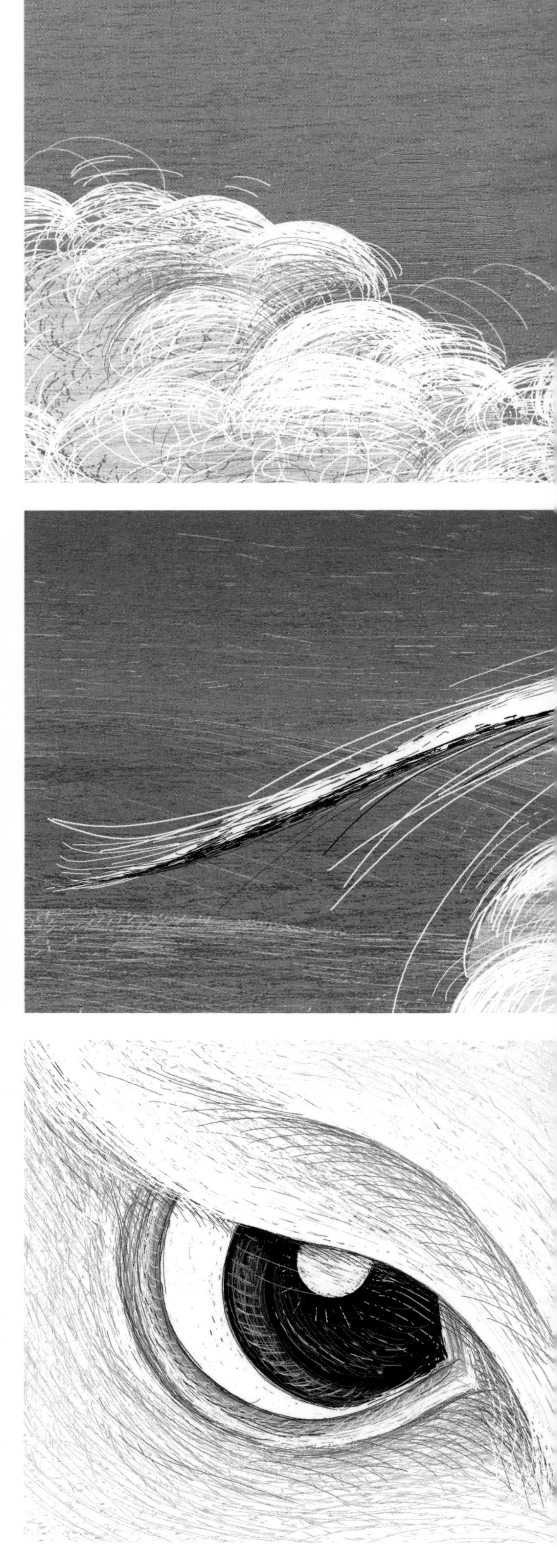

咦？它们都怎么啦？

仰天长啸的漂泊信天翁！！！

披着黑衣的淡黑翡翠?
脸色苍白的白鹡鸰!

白肚皮的鸫锯鹱!

细腿的青脚鹬!

嗨！戴眼镜的
白眶林莺？！

噢！拖个剪刀
的剪尾蜂鸟！

嘿！鼻毛丛生的
须鼻拟啄木鸟！
哦？戴红肩章的
红翅黑鹂？

嘴巴像把抹刀
的黄嘴琵鹭？
疯疯癫癫的
蓝脚鲣鸟？

咦？你们都在啊？
毛发稀疏的秃鹳？
秃头的隐鹮？
这儿！
爱打扮的蓝嘴黑顶鹭？
卷毛的卷羽鹈鹕？
在！
我们在这儿！
长小胡子的文须雀？！
幸会！
长斑的花彩拟啄木鸟？！
你好！你好！

丑八怪东非鹨！
笨笨的
鸦面鹦鹉！

你这个小不点儿
黄道眉鹀！
你这个呆子
斑头鸺鹠！

白眼圈的
黄额环绣眼鸟！
黑脑袋的
黑头凯克鹦哥！

……

？？

披个胸甲的灰喉鹛莺！
顶个黑帽子的黑冠椋鸟！
翅膀上挂个梯子的红翅旋壁雀！
学舌的塞内加尔鹦鹉！
像小鸡一样柔弱的黄腰柳莺！
戴平顶头盔的棕犀鸟！
戴黑头巾的黑巾文鸟！
冰冻的白顶鹦哥！
长角的角海鹦！
头顶抹炭的黑顶娇鹟！
腌黄瓜似的东鹏唐纳雀！

糖浆色的
橙冠凤头鹦鹉！
摇扇子的扇尾杜鹃！
短粗腿的
小短趾百灵！
嚼剩的口香糖一样的
黑头咬鹃！
狂妄自大的麻雀！
戴颈圈的
饰颈皱鸫！
红色腿的
红脚旋蜜雀！
掉进过酒缸里的
酒红朱雀！
喙狭窄的
红颈瓣蹼鹬！
白屁股的
燕翅鸳！
油光水滑的
紫辉牛鹂！

屁股上拖着长
丝带的绶带长
尾风鸟！

戴发箍的
西部丝雀！

讨厌的
科迪纹霸鹟！

尾巴开叉的
叉尾王霸鹟！

屁股上拖着
两把抹刀的
扇尾蜂鸟！

头上着火了的
橙额绒顶雀！

脖子上系绿
带子的绿喉
芒果蜂鸟！
绿眉毛的
绿眉翠鴗！

黑尾巴的
黑尾塍鹬！

只敢藏在树林里的花尾榛鸡，给你一个建议，你还是另外找一片针叶林躲着去吧！
还是你自己去吧，只想在云杉林中的红交嘴雀！

你能离我的树枝
远一点儿吗！
啾！
啾！
啾！
啾！
啾！
好了！
啾！
啾！
安——静！
停！
啾！
够了！
你这个令人厌恶
的橙胸姬鹟！
你不能温柔
点儿吗？超级自恋的
红腿鸫！
哎，你……真是个嘴
硬的锡嘴雀！
走开！
愚蠢的小滨鹬！

啾！
啾！
啾！啾！啾！
啾！

呼，呼……

一天清晨，一只家麻雀飞来了，遇到了另一只家麻雀。它们都想独占树枝。因为互不谦让，它们就用带有嘲讽意思的鸟的名字呼唤对方，攻击对方。

神奇的事情发生了，那些被叫出名字的鸟都来啦！认识一下吧！

致我的蓝燕雀

致我的火冠蜂鸟